P L A N E T A

LOS ESCORPIONES

L

POR CHRISTOPHER BAHN

CREATIVE EDUCATION · CREATIVE PAPERBACKS

Publicado por Creative Education y Creative Paperbacks
P.O. Box 227, Mankato, Minnesota 56002
Creative Education y Creative Paperbacks
son marcas editoriales de The Creative Company
www.thecreativecompany.us

Diseño de The Design Lab
Dirección de arte de Graham Morgan
Editado de Jill Kalz

Fotografías de Alamy Stock Photo/Ivan Kuzmin, 20; flickr, Biodiversity Heritage Library, 8; Getty Images/Arul Judelin / 500px, 5, Henrik Sorensen, 9, Paul Starosta, 13, 14, 21, PetlinDmitry, portada, 1; Shutterstock/APChanel, 16, Pike-28, 22-23; Unsplash/Erik Aquino, 2, Leon Pauleikhoff, 17, 18; Wikimedia Commons/Pearson Scott Foresman, 7, Toni Wöhrl, 6, Minozig, 10

Library of Congress Cataloging-in-Publication Data
Names: Bahn, Christopher (Children's story writer), author.
Title: Los escorpiones / by Christopher Bahn.
Other titles: Scorpions. Spanish
Description: Mankato, Minnesota : Creative Education and Creative Paperbacks, [2025] | Series: Planeta animal | Includes bibliographical references and index. | Audience: Ages 6–9 | Audience: Grades 2–3 | Summary: "Discover the stinger-tailed scorpion in this North American Spanish translation! Explore the arachnid's anatomy, diet, habitat, and life cycle. Captions, on-page definitions, an ancient Greek animal myth, and an index support elementary-aged kids"—Provided by publisher.
Identifiers: LCCN 2024018547 (print) | LCCN 2024018548 (ebook) | ISBN 9798889895619 (library binding) | ISBN 9781682777466 (paperback) | ISBN 9798889895718 (ebook)
Subjects: LCSH: Scorpions—Juvenile literature. | Scorpions—Behavior—Juvenile literature.
Classification: LCC QL458.7 .B3418 2025 (print) | LCC QL458.7 (ebook) | DDC 595.4/615—dc23/eng/20240523

Impreso en China

Índice

Los escorpiones llevan 400 millones de años caminando sobre la Tierra.

Los escorpiones son conocidos por sus grandes garras y su cola urticante. Pertenecen a un grupo de animales llamado **arácnidos**. Las arañas, las garrapatas y los ácaros también son arácnidos. Hay al menos 1.500 tipos de escorpiones en todo el mundo.

arácnidos animales de ocho patas y caparazón duro

Las patas de un escorpión están unidas a la parte delantera de su cuerpo, llamada cefalotórax.

Como todos los arácnidos, los escorpiones no tienen huesos. Tienen un **exoesqueleto**. Tienen ocho patas. Sus grandes pinzas se llaman pedipalpos. Una larga cola se curva sobre la parte superior de su cuerpo. Termina en un aguijón afilado.

exoesqueleto cubierta exterior dura que sostiene el cuerpo de un animal, en lugar de los huesos.

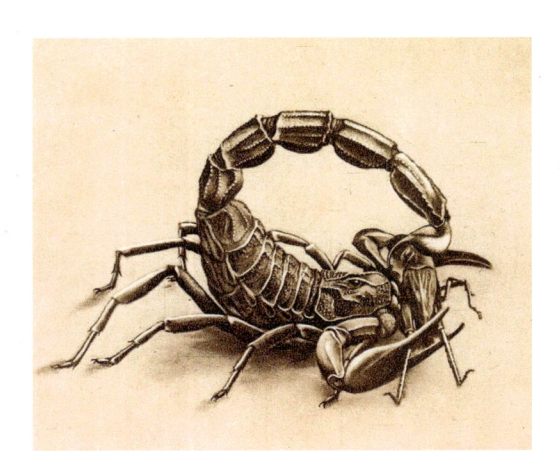

Las colas de escorpión se doblan y retuercen para conseguir el golpe perfecto.

El aguijón es el arma principal del escorpión. El animal lo utiliza para cazar y para protegerse. El **veneno** fluye a través del aguijón. Algunos tipos de veneno de escorpión son suaves. Otros, como el veneno del escorpión de la corteza, pueden matar a un ser humano.

veneno veneno que fabrican algunos animales para dañar o matar otros animales

Los escorpiones tienen diferentes tamaños. Algunos miden menos de 0,5 pulgadas (1,3 centímetros). Otros miden 8 pulgadas (20 cm) o más. Los escorpiones más pequeños viven de tres a cinco años en libertad. Los escorpiones más grandes pueden vivir hasta 15 años.

El acechador de la muerte es un escorpión de tamaño mediano y uno de los más peligrosos del mundo.

Los escorpiones se encuentran en lugares cálidos, desde desiertos hasta selvas tropicales. Algunos excavan en el suelo. Otros trepan a los árboles. Algunos viven en cuevas o a orillas del mar. Los que viven en cuevas suelen ser invidentes. ¡Pueden no tener ojos!

Las madrigueras suelen albergar un solo escorpión.

Los escorpiones comen insectos, arañas, ranas, lagartos y ratones, ¡e incluso otros escorpiones!

Los escorpiones son depredadores. Utilizan su velocidad y su aguijón para atrapar comida. No tienen dientes. Antes de comer, deben rociar su comida con los jugos de su boca. Los jugos convierten la comida en líquido. Luego, los escorpiones la succionan.

depredadores animales que matan y se comen a otros animales

Los escorpiones se mueven más por la noche. Intentan mantenerse alejados del calor directo y de la luz solar. La mayoría de los escorpiones viven solos. Si se encuentran con otro escorpión, suelen luchar contra él. Incluso pueden intentar comérselo.

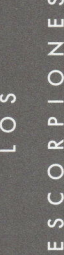

Los escorpiones brillan en azul o verde bajo una luz negra o ultravioleta.

Los escorpiones no pueden oír. No tienen orejas. La mayoría de los escorpiones tienen muchos ojos, pero no ven bien. Para conocer el mundo que les rodea, utilizan unos pelos especiales que tienen en el cuerpo. Los pelos perciben cuando pasa algo.

Los finos pelos del cuerpo de un escorpión sienten el movimiento en el suelo y en el aire.

¡Los escorpiones "bailan"! Antes de aparearse, se agarran con las garras y dan vueltas alrededor del otro. Las hembras dan a luz hasta 100 bebés, llamados crías. Se aferran a la espalda de su madre hasta que tienen edad suficiente para mudar. Después viven por su cuenta.

mudar mudar la piel vieja para permitir un nuevo crecimiento

Un cuento de escorpiones

Una antigua

historia griega cuenta una batalla entre un cazador llamado Orión y un escorpión gigante. Ambos murieron en la lucha. Para honrar a los luchadores, los dioses pusieron imágenes de ellos en el cielo. Hicieron las imágenes con estrellas. Colocaron a Orión en un lado del cielo y al escorpión en el otro. Así, los dos no volverían a luchar.

Índice